Introduction

不知各位讀者是否知道世界正在盛行「數字蛋糕」？誠如其名，這種做成數字形狀的蛋糕，非常適合用來慶祝生日或各種周年紀念日。在日本，「草莓奶油蛋糕」是長久以來最經典的生日蛋糕，但數字蛋糕或許會成為撼動其地位的所在！

很多人有先入為主的觀念，認為奶油蛋糕的製作很難，但數字蛋糕被設計成不易出現技術上的差異。基本麵糰，主要是常見的海綿蛋糕麵糰與油酥餅乾麵糰。將麵糰薄鋪在烤盤上就能烤成的海綿蛋糕，很少失敗，烤的時間也短。活用裝訂在本書中的紙型，就能輕鬆完成數字的形狀。

將起司、吉利丁加入奶油中，使其硬度剛剛好，即使鋪放在麵糰上也不容易崩塌變形。擠花方式也極為簡單。在擠的過程中漸漸就熟能生巧吧。頂飾則是充分活用市售的糖果點心，再搭配水果、食用花（edible flowers），參照圖片，就能妝點出漂亮的數字蛋糕。

數字蛋糕的味道當然也不用說。搭配它可愛的外觀，一定能使慶生等的氣氛更加熱鬧歡騰。請試著將你做的數字蛋糕模樣投稿到「#numbercake」，並舉辦一場很棒的宴會吧！

Fraisier

法式草莓奶油蛋糕風

數字蛋糕大致分為
三個步驟製作。
先製作部件、再組裝在一起,
加上漂亮的頂飾就完成了!

材料〔1份蛋糕體份量〕

● 海綿蛋糕麵糰

全蛋　3顆(150g)

砂糖　90g

低筋麵粉　90g

A ｜ 奶油　20g
　　｜ 牛奶　20g

● 馬斯卡彭醬

鮮奶油　100g＋100g

　｜ 吉利丁粉　3g
　｜ 冷水　15g

糖粉　35g

香草精(vanilla essence)　10滴(2g)

馬斯卡彭起司(Mascarpone cheese)　200g

● 頂飾

草莓　5個

覆盆子　3～5個

防潮糖粉　適量

薄荷葉　適量

馬卡龍(粉紅色)　3個

迷你玫瑰花瓣(食用)　適量

POINT
材料基本上是數字的1份蛋糕體麵糰的份量。製作2份時,材料請加倍。麵糰無法全部放入烤箱時,就請一份份的烤。

POINT
頂飾作法只是參考的例子。買不到相同的材料時,也可用適當材料取代。

étape 1

事先準備
製作麵糰與奶油醬

◎ **製作海綿蛋糕麵糰,裁切出2片個人喜歡的數字形狀** [⋯▶P58]

・本書使用「海綿蛋糕」、「油酥餅乾」、「蛋白霜」3種口感不同的麵糰。詳細作法請看P58～63。依食譜添加不同口味。海綿蛋糕麵糰與油酥餅乾麵糰可互換使用,請依個人喜好運用。

・烤麵糰時,請利用本書P56、P57之間的紙型,製出想要的數字形狀。不論哪個數字都是從1份麵糰取出2片數字(由於數字會相疊,所以2片就是1份蛋糕體麵糰的份量)。麵糰請準備剛好可用的份量,以免浪費。詳細用法請看P57。

◎ **製作馬斯卡彭醬** [⋯▶P54]

・本書使用「馬斯卡彭醬」、「卡士達醬」、「奶油乳酪醬」3種風味不同的奶油醬。由於要鋪在蛋糕上,加入吉利丁就不容易崩塌。詳細作法請看P54～P56。奶油醬可互換使用,請依個人喜好運用。

◎ **事先準備頂飾**

・有時需先準備好當頂飾用的水果。這裡先將覆盆子沾防潮糖粉。草莓2個縱向對半切開,剩下的切成1cm塊狀。

étape 2

組裝

組裝蛋糕與奶油醬

1. 器皿上放1片海綿蛋糕,以加裝圓形花嘴的擠花袋,將馬斯卡彭醬擠成1.5cm高的水滴狀,鋪滿蛋糕表面,在冰箱冷藏室冷卻10分鐘左右,直到奶油醬凝固。

- 器皿建議用大型平盤。從外側擠奶油醬,比較容易擠。
- 放入冰箱冰一下,使奶油凝固,蛋糕比較容易疊放。

2. 從冰箱中取出,疊放另一片海綿蛋糕,和**1**一樣擠上奶油醬。

- 將上層的海綿蛋糕輕輕鋪上,輕壓使其穩固。
- 接著只要同樣用花嘴擠滿奶油醬。

[擠花袋的用法]

1 剪掉擠花袋尖端2~3cm。
2 從擠花袋內插入花嘴到頂端,將擠花袋押入花嘴。
3 手握住擠花袋,將袋口往外翻至袋長1/2左右,保持這形狀立在杯子等上面。
4 裝入奶油醬,用刮刀等朝花嘴方向擠。
5 單手握住擠花袋口邊扭緊,另一手撐著花嘴,擠奶油醬。

建議使用拋棄式擠花袋,價格便宜又衛生。本書主要使用直徑1cm的圓形花嘴,一部分則使用星形花嘴。可依自己喜好運用。

étape 3

頂飾

裝飾頂飾

◎ 鋪上色彩繽紛的頂飾

- 只要將水果等安插在奶油醬間一一的鋪上頂飾,看起來就會很漂亮。

- 馬卡龍是市售的商品。大概放奇數、3個馬卡龍就會很均衡。

Sommaire

本書的用法

● 材料的份量，基本上是1份數字蛋糕的1份蛋糕體份量。剛好合乎面積大的「8」數字。製作2份時，材料請加倍。麵糰無法1次烤好時，請分成2次烘烤。

● 麵糰裁切成數字形狀時，請使用P56與P57之間的紙型。紙型請從本書剪裁下來使用。

● 奶油使用無鹽的。關於材料、道具，詳情請看P52～53。

● 所謂的常溫，指約18℃。

● 烤箱是使用旋風烤箱（convection oven）。烤的溫度、時間依機種略有不同，請觀察烤的狀況調整。烤箱火力不強時，請將烤的溫度提高10℃。

● 微波爐是使用600W的，鍋子則是用不銹鋼製品。

● 1大匙是15ml、1小匙是5ml。

Tarte au Citron

檸檬塔風

4

材料〔1份蛋糕體份量〕

● 油酥餅乾麵糰
　奶油　120g
　香草精　5滴（1g）
　鹽巴　1小撮
　糖粉　85g
　全蛋　½顆（25g）
　杏仁粉　35g
　低筋麵粉　200g

● 卡士達醬
　蛋黃　3個（60g）
　砂糖　65g+10g
A┌低筋麵粉　15g
　　└玉米粉　15g
　牛奶　300g
　香草精　10滴（2g）
　檸檬汁　2個（45g）

　檸檬皮絲　1個份量
┌吉利丁粉　4g
│冷水　20g
└鮮奶油　150g

● 頂飾
　漬檸檬
　┌檸檬果肉　1個份量
　└糖粉　20g
　萊姆片　適量
　烤蛋白霜　適量
　薄荷葉　適量
　三色堇（食用花）　適量

事先準備

◎將油酥餅乾麵糰烤成2片個人喜好的數字形狀[⋯→P60]。剩下的麵糰以圓形模具壓出大小不同的8片餅乾一起烤、約12分鐘後先取出備用。

◎製作卡士達醬[⋯→P55]。不過要在**5**之後加入檸檬汁與檸檬皮，充分混勻。

◎製作漬檸檬。檸檬果肉放入碗裡，再將糖粉過篩撒入。以湯匙稍微混勻，放入冰箱冷藏直到糖粉融化。

◎以製作卡士達醬剩下的蛋白，製作烤蛋白霜[⋯→P62]。

◎萊姆切成四等份量的銀杏葉狀。

組裝

1. 器皿上放1片油酥餅乾，以加裝圓形花嘴的擠花袋將卡士達醬擠出高約1.5cm的水滴狀，鋪滿餅乾表面，在冰箱冷藏室冷卻10分鐘左右，直到卡士達醬凝固。

2. 從冰箱中取出，疊放另一片油酥餅乾。和**1**一樣擠滿卡士達醬，鋪上一起烤好的圓形餅乾與頂飾，裝飾得色彩繽紛。

NOTE

• 給人檸檬塔印象的數字蛋糕，既爽口又甜蜜。

• 烤蛋白霜作法參考P62。由於製作不易，也可用市售的商品取代。

• 檸檬共需3個。2個榨汁，其中1個削出檸檬皮絲，另一個取出果肉後製成漬檸檬。若使用非有機檸檬，檸檬請充分洗淨。

Fleur de Cerisier

櫻花

3

材料〔1份蛋糕體份量〕

● 油酥餅乾麵糰

奶油 120g

香草精 5滴（1g）

鹽巴 1小撮

糖粉 85g

全蛋 ½顆（25g）

杏仁粉 35g

低筋麵粉 190g

抹茶粉 10g

● 馬斯卡彭醬

鮮奶油 100g+100g

吉利丁粉 3g

冷水 15g

糖粉 35g

香草精 10滴（2g）

馬斯卡彭起司 200g

櫻花醬 a 100g

● 頂飾

鹽漬櫻花 b 3朵

烤蛋白霜 適量

馬卡龍（粉紅色） 3個

事先準備

◎將油酥餅乾麵糰烤成2片個人喜好的數字形狀[⋯▸P60]。不過，在事先準備階段要將低筋麵粉與抹茶粉混勻過篩。剩下的麵糰以櫻花形模具壓出約5片餅乾一起烤、約12分鐘後先取出備用。

◎製作馬斯卡彭醬[⋯▸P54]。不過，要在 **3** 與馬斯卡彭起司一起、連櫻花醬也加入混勻。

◎製作烤蛋白霜[⋯▸P62]。

◎鹽漬櫻花泡水約30分鐘去除鹽分，以廚房紙巾擦乾水分。

組裝

1. 器皿上放1片油酥餅乾，以加裝圓形花嘴的擠花袋將馬斯卡彭醬擠出高約1.5cm的水滴狀，鋪滿餅乾表面，在冰箱冷藏室冷卻10分鐘左右，直到馬斯卡彭醬凝固。

2. 從冰箱中取出，疊放另一片油酥餅乾。和1一樣擠滿馬斯卡彭醬，鋪上一起烤好的櫻花形餅乾與頂飾，裝飾得色彩繽紛。

NOTE

・這是抹茶麵糰、櫻花奶油口味的和風數字蛋糕。有和菓子般的美味。

・烤蛋白霜作法參考P62。由於製作不易，也可用市售的商品取代。

a   b

Abricot

杏桃

材料〔1份蛋糕體份量〕

● 油酥餅乾麵糰
　奶油　120g
　香草精　5滴（1g）
　鹽巴　1小撮
　糖粉　85g
　全蛋　½顆（25g）
　杏仁粉　35g
　低筋麵粉　200g

● 馬斯卡彭醬
　鮮奶油　100g+100g
　┌ 吉利丁粉　3g
　└ 冷水　15g
　烘焙用白巧克力　65g
　糖粉　35g
　香草精　10滴（2g）
　馬斯卡彭起司　200g

● 頂飾
　杏桃（罐頭・切半）　5切塊
　開心果（烤過・壓碎）　適量
　迷迭香　適量
　三色菫（食用花）　適量

事先準備

◎將油酥餅乾麵糰烤成2片個人喜好的數字形狀[⋯▶P60]。

◎製作馬斯卡彭醬[⋯▶P54]。不過，要在1之後將烘焙用白巧克力放入耐熱碗裡覆蓋保鮮膜、放入微波爐中加熱30秒直到巧克力完全融化後，加入1的鍋內充分混勻。

◎杏桃以廚房紙巾擦乾汁液，切成4等分的半月狀。

組裝

1. 器皿上放1片油酥餅乾，以加裝圓形花嘴的擠花袋將馬斯卡彭醬擠出高約1.5cm的水滴狀，鋪滿餅乾表面，在冰箱冷藏室冷卻10分鐘左右，直到馬斯卡彭醬凝固。

2. 從冰箱中取出，疊放另一片油酥餅乾。和1一樣擠滿馬斯卡彭醬，鋪上色彩繽紛的頂飾。

NOTE

• 這是以罐頭杏桃簡單製作的數字蛋糕。

• 要壓碎頂飾的開心果時，將其包在廚房紙巾裡，以擀麵棍等敲碎即可。

• 頂飾上也散撒三色菫。三色菫最好能先浸漬橘子汁，使其口感變潤澤。

Rose Framboise

玫瑰與覆盆子

10

材料〔1份蛋糕體份量〕

● 海綿蛋糕麵糊
　全蛋　3顆（150g）
　砂糖　90g
　低筋麵粉　90g
　A　奶油　20g
　　　牛奶　20g

　　　吉利丁粉　4g
　　　冷水　20g
　　鮮奶油　150g

● 卡士達醬
　蛋黃　3個（60g）
　砂糖　65g＋10g
　A　低筋麵粉　15g
　　　玉米粉　15g
　牛奶　300g
　香草精　10滴（2g）
　玫瑰糖漿　75g

● 頂飾
　覆盆子　20個
　防潮糖粉　適量
　薄荷葉　適量
　迷你玫瑰（食用花）　5個
　覆盆子果醬　適量

事先準備

◎製作海綿蛋糕麵糊、烤成2片個人喜好的數字形狀[⋯→P58]。
◎製作卡士達醬[⋯→P55]。不過要在5之後加入玫瑰糖漿，充分混勻。
◎覆盆子14～15個縱向對半切開，剩下的上部沾防潮糖粉ⓐ。

組裝

1. 器皿上放1片海綿蛋糕，以加裝圓形花嘴的擠花袋將卡士達醬擠出高約1.5cm的水滴狀，鋪滿蛋糕表面。縫隙間擺放一半份量對半切開的覆盆子、以湯匙散放覆盆子果醬。在冰箱冷藏室冷卻10分鐘左右，直到卡士達醬凝固。
2. 從冰箱中取出，疊放另一片海綿蛋糕。和1一樣擠滿卡士達醬，鋪上剩下的覆盆子、迷你玫瑰、薄荷葉，裝飾得色彩繽紛。

NOTE

・法式甜點般的華麗組合。食用等級的玫瑰，在高級超市等有販售。
・玫瑰糖漿是以玫瑰香精製作的甜汁。可在「MONIN」等烘焙材料店買到ⓑ。
・「防潮糖粉」是裝飾用的糖粉。即使接觸水分也不易融化，能凸顯出白色。
・另外加上粉紅色馬卡龍、草莓等頂飾，也很可愛。

ⓐ

ⓑ

Pêche Melba

白桃風

材料〔1份蛋糕體份量〕

● 海綿蛋糕麵糰
全蛋　3顆（150g）
砂糖　90g
低筋麵粉　90g
A｜奶油　20g
｜牛奶　20g

● 馬斯卡彭醬
鮮奶油　100g＋100g
吉利丁粉　3g
冷水　15g
糖粉　35g
香草精　10滴（2g）
馬斯卡彭起司　200g
覆盆子果醬　50g

● 頂飾
白桃（罐頭）　淨重100g
覆盆子　7個
覆盆子果醬　20g
杏仁片（烤好的）　適量

事先準備

◎ 製作海綿蛋糕麵糰、烤成2片個人喜好的數字形狀[⋯▸P58]。
◎ 製作馬斯卡彭醬[⋯▸P54]。不過，要在3與馬斯卡彭起司一起、連覆盆子果醬也加入混勻。
◎ 白桃以廚房紙巾擦乾汁液，切成1cm塊狀。
◎ 覆盆子果醬裝入擠花袋，剪掉袋尖2～3cm處，擠入3～4個覆盆子的凹洞內ⓐ，剩下的覆盆子縱向對半切開。

組裝

1. 器皿上放1片海綿蛋糕，以加裝圓形花嘴的擠花袋將馬斯卡彭醬擠出高約1.5cm的水滴狀，鋪滿蛋糕表面，在冰箱冷藏室冷卻10分鐘左右，直到馬斯卡彭醬凝固。
2. 從冰箱中取出，疊放另一片海綿蛋糕。和1一樣擠滿馬斯卡彭醬，鋪上頂飾，裝飾得色彩繽紛。

NOTE

• 給人義式白桃點心印象的數字蛋糕。以白桃罐頭簡單製作。
• 裝填覆盆子果醬時，可不用擠花袋而改用湯匙。

ⓐ

Banane Chocolat

香蕉巧克力

材料〔1份蛋糕體份量〕

● 海綿蛋糕麵糰
- 全蛋　3顆（150g）
- 砂糖　90g
- 低筋麵粉　80g
- 可可粉（無糖）　10g
- **A** 奶油　20g
- 牛奶　20g

● 卡士達醬
- 蛋黃　3個（60g）
- 砂糖　65g＋10g
- **A** 低筋麵粉　15g
- 玉米粉　15g
- 牛奶　300g
- 香草精　10滴（2g）

● 焦糖醬
- 鮮奶油　100g
- 砂糖　100g
- 鹽巴　1小撮
- 奶油　10g
- 吉利丁粉　4g
- 冷水　20g
- 鮮奶油　150g

● 頂飾
- 香蕉　1根
- 檸檬汁　1大匙
- 薄荷葉　適量
- 巧克力糖 2～3種　適量
- 棉花糖　適量

事先準備

◎ 製作海綿蛋糕麵糰、烤成2片個人喜好的數字形狀[⋯▸P58]。不過，在事先準備階段要將低筋麵粉與可可粉混勻過篩。

◎ 製作卡士達醬的焦糖醬。
- ① 鮮奶油放入耐熱碗裡，以微波爐加熱約30秒。
- ② 砂糖與鹽巴放入鍋裡以中火加熱，搖晃鍋子直到全部的砂糖融化，變成淡咖啡色時關火。
- ③ 將①的鮮奶油分3次加入，每次都以打發器混勻。
- ④ 加入奶油混勻，當奶油完全融化後移至耐熱容器，就這樣放涼。

◎ 製作卡士達醬[⋯▸P55]。不過，要在 **5** 之後加入焦糖醬100g，充分混勻。

◎ 香蕉斜切成1cm厚片，撒上檸檬汁。

組裝

1. 器皿上放1片海綿蛋糕，以加裝圓形花嘴的擠花袋將卡士達醬擠出高約1.5cm的水滴狀，鋪滿蛋糕表面。在冰箱冷藏室冷卻10分鐘左右，直到卡士達醬凝固。

2. 從冰箱中取出，疊放另一片海綿蛋糕。和1一樣擠滿卡士達醬，並以湯匙將剩下的焦糖醬50g滴在間隙處，鋪上頂飾，裝飾得色彩繽紛。

NOTE

- 這是小孩也喜歡的組合。吃起來具滿足感的口感。
- 加入可可粉時，麵糰裡的氣泡容易崩塌，所以注意不要攪拌過度。

Exotique

芒果與鳳梨

材料〔1份蛋糕體份量〕

● 油酥餅乾麵糰
　奶油　120g
　香草精　5滴（1g）
　鹽巴　1小撮
　糖粉　85g
　全蛋　½顆（25g）
　杏仁粉　35g
　低筋麵粉　200g

● 奶油乳酪醬
　奶油乳酪　300g
　奶油　90g
　糖粉　90g
　香草精　10滴（2g）

● 頂飾
　奇異果　½個
　芒果　½個
　鳳梨　適量
　百香果　½個
　薄荷葉　適量
　馬卡龍（香草）　2～3個
　金盞花（食用花）　1～2朵

事先準備

◎將油酥餅乾麵糰烤成2片個人喜好的數字形狀[⋯▸P60]。

◎製作奶油乳酪醬[⋯▸P56]。

◎奇異果與鳳梨切成0.3cm厚的銀杏葉狀。芒果切成1cm塊狀。百香果取出果肉和果籽。

組裝

1. 器皿上放1片油酥餅乾，以加裝星形花嘴的擠花袋將奶油乳酪醬擠出高約1.5cm的水滴狀，鋪滿餅乾表面。在冰箱冷藏室冷卻10分鐘左右，直到奶油乳酪醬凝固。

2. 從冰箱中取出，疊放另一片油酥餅乾。和1一樣擠滿奶油乳酪醬，鋪上頂飾，裝飾得色彩繽紛。

NOTE

· 充滿甜酸味的南洋風味、華麗的頂飾。南洋風味水果可依個人喜好調整。

22

Poire Belle Hélène

洋梨

材料〔1份蛋糕體份量〕

● 油酥餅乾麵糰
奶油 120g
香草精 5滴（1g）
鹽巴 1小撮
糖粉 85g
全蛋 ½顆（25g）
杏仁粉 35g
低筋麵粉 180g
可可粉（無糖） 20g

● 卡士達醬
蛋黃 3個（60g）
砂糖 65g＋10g
A│ 低筋麵粉 15g
　│ 玉米粉 15g
牛奶 300g
香草精 10滴（2g）
吉利丁粉 4g
冷水 20g
鮮奶油 150g

● 頂飾
洋梨（罐頭） 淨重100g
榛果（烤好的） 適量
巧克力糖 2～3種 適量

事先準備

◎將油酥餅乾麵糰烤成2片個人喜好的數字形狀[⋯▸P60]。不過，在事先準備階段要將低筋麵粉與可可粉混勻過篩。

◎製作卡士達醬[⋯▸P55]。

◎洋梨以廚房紙巾擦乾汁液，縱向切成寬0.3cm的薄片。

◎榛果壓碎成粗顆粒。

組裝

1. 器皿上放1片油酥餅乾，以加裝圓形花嘴的擠花袋將卡士達醬擠出高約1.5cm的水滴狀，鋪滿餅乾表面，在冰箱冷藏室冷卻10分鐘左右，直到卡士達醬凝固。

2. 從冰箱中取出，疊放另一片油酥餅乾。和1一樣擠滿卡士達醬，鋪上色彩繽紛的頂飾。

NOTE

・這是名為「美麗海倫（Belle Hélène）」、使用洋梨的數字蛋糕。這款蛋糕一定少不了巧克力。

Mont-Blanc

蒙布朗風

45

材料〔1份蛋糕體份量〕

● 蛋白霜麵糰
　蛋白　1顆份量（30g）
　砂糖　25g
　A ┃ 砂糖　30g
　　　┃ 玉米粉　3g

● 馬斯卡彭醬
　鮮奶油　100g
　糖粉　15g
　香草精　5滴（1g）
　馬斯卡彭起司　100g

● 栗子奶油醬
　栗子醬 ⓐ　100g
　奶油　100g
　糖粉　10g
　蘭姆酒　5g
　鹽巴　1小撮

● 頂飾
　藍莓　6～7個
　糖漬栗子　3個
　巧克力糖　適量
　三色堇（食用花）　適量

事先準備

◎ 將蛋白霜麵糰擠成個人喜好的數字形狀烘烤[⋯P62]。不過，由於本食譜不疊放麵糰，所以只製作1片。剩下的蛋白霜麵糰擠成2～3條長約10cm的棍狀，一起烤。

◎ 製作馬斯卡彭醬[⋯P54]。不過，這裡不需要吉利丁粉和冷水。製作上也略過**1**，並在**2**將鮮奶油全部放入碗裡。

◎ 製作栗子奶油醬。栗子醬放入碗裡，以打發器攪拌至滑順，加入常溫下軟化的奶油、糖粉、蘭姆酒、鹽巴，繼續混勻。

◎ 糖漬栗子壓碎成粗顆粒。

組裝

1. 器皿上放蛋白霜，以加裝圓形花嘴的擠花袋將馬斯卡彭醬沿著蛋白霜外側擠出高約1.5cm的水滴狀。

2. 將栗子奶油醬以加裝星形花嘴的擠花袋在蛋白霜內側擠出高約1.5cm的水滴狀，鋪滿蛋白霜表面 ⓑ。

3. 鋪上一起烤好的棍狀蛋白霜和頂飾，裝飾得色彩繽紛。

NOTE

· 秋天的經典點心蒙布朗做成數字蛋糕。以2種奶油醬妝點得更豪華。

· 這款數字蛋糕只有一層，要趁蛋糕未受潮軟化前盡早食用。

ⓐ

ⓑ

Tarte Tatin

焦糖蘋果塔風

材料〔1份蛋糕體份量〕

● 油酥餅乾麵糰

- 奶油　120g
- 香草精　5滴（1g）
- 鹽巴　1小撮
- 糖粉　85g
- 全蛋　½顆（25g）
- 杏仁粉　35g

焦糖醬

- 鮮奶油　100g
- 砂糖　100g
- 鹽巴　1小撮
- 奶油　10g

低筋麵粉　200g

● 奶油乳酪醬

- 奶油乳酪　300g
- 奶油　90g
- 糖粉　90g
- 香草精　10滴（2g）

● 頂飾

蘋果玫瑰花（5朵的份量）

- 蘋果　1個
- 砂糖　35g
- 檸檬汁　1大匙
- 覆盆子　3～5個
- 防潮糖粉　適量

杏仁片（烤好的）　適量

彩糖（星形）　適量

事先準備

◎製作油酥餅乾麵糰的焦糖醬[‥▶P18]。

◎將油酥餅乾麵糰烤成2片個人喜好的數字形狀[‥▶P60]。不過，要在**3**之後加入40g焦糖醬，充分混勻。剩下的麵糰以葉形模具壓出3片一起烤、12分鐘左右後先取出備用。

◎製作奶油乳酪醬[‥▶P56]。

◎製作蘋果玫瑰花。

1 蘋果洗淨不削皮，去果核切成4瓣，以切片器切成0.2cm厚的薄片ⓐ。

2 將1的蘋果、砂糖、檸檬汁放入耐熱碗裡充分混勻。覆蓋保鮮膜、以微波爐加熱2分鐘直到蘋果變軟。瀝除汁液，放入冰箱冷卻。

3 捲1片蘋果片當花蕊，另一片包覆其周邊般裹捲ⓑ。如此反覆裹捲4～5片ⓒ，以竹籤等整理花的形狀ⓓ。

◎覆盆子的上部沾防潮糖粉。

組裝

1. 器皿上放1片油酥餅乾，以加裝圓形花嘴的擠花袋將奶油乳酪醬擠出高約1.5cm的水滴狀，鋪滿餅乾表面。在冰箱冷藏室冷卻10分鐘左右，直到奶油乳酪醬凝固。

2. 從冰箱中取出，疊放另一片油酥餅乾。和1一樣擠滿奶油乳酪醬，鋪上一起烤好的葉形餅乾和頂飾，裝飾得色彩繽紛。

NOTE

・以蘋果花、給人蘋果塔印象的數字蛋糕。

・蘋果花上淋剩下的焦糖醬也很美味。

ⓐ

ⓑ

ⓒ

ⓓ

Forêt Noire

櫻桃與巧克力

5

材料〔1份蛋糕體份量〕

● 海綿蛋糕麵糰
　全蛋　3顆（150g）
　砂糖　90g
　│低筋麵粉　80g
　│可可粉（無糖）　10g
　A│奶油　20g
　　│牛奶　20g

● 馬斯卡彭醬
　鮮奶油　100g＋100g
　│吉利丁粉　3g
　│冷水　15g
　糖粉　35g
　香草精　10滴（2g）
　馬斯卡彭起司　200g

● 頂飾
　櫻桃（罐頭）　30個
　巧克力糖 2～3種　適量
　巧克力磚　適量

事先準備

◎製作海綿蛋糕麵糰、烤成2片個人喜好的數字形狀[⋯→P58]。
　不過，在事先準備階段要將低筋麵粉與可可粉混勻過篩。
◎製作馬斯卡彭醬[⋯→P54]。
◎櫻桃以廚房紙巾擦乾汁液。
◎巧克力磚以刨絲器等刨絲。

組裝

1. 器皿上放1片海綿蛋糕，以加裝圓形花嘴的擠花袋將馬斯卡彭醬擠出高約1.5cm的水滴狀，鋪滿蛋糕表面，間隙處散鋪一半的櫻桃ⓐ。在冰箱冷藏室冷卻10分鐘左右，直到馬斯卡彭醬凝固。

2. 從冰箱中取出，疊放另一片海綿蛋糕。和1一樣擠滿馬斯卡彭醬，鋪上頂飾，裝飾得色彩繽紛。

NOTE

· 裝飾櫻桃與巧克力、給人黑森林蛋糕感覺的數字蛋糕。法語「Forêt Noire」是黑森林的意思。
· 可可粉有很多油脂成分，若攪拌過度氣泡會崩塌，在製作海綿蛋糕麵糰時要注意這點。

ⓐ

100% Chocolat

百分之百巧克力

69

材料〔1份蛋糕體份量〕

● 油酥餅乾麵糰
奶油　120g
香草精　5滴（1g）
鹽巴　1小撮
糖粉　85g
全蛋　½顆（25g）
杏仁粉　35g
低筋麵粉　180g
可可粉（無糖）　20g

● 卡士達醬
蛋黃　3個（60g）
砂糖　65g＋10g
A｜低筋麵粉　15g
｜玉米粉　15g
牛奶　300g
香草精　10滴（2g）

烘焙用巧克力
（可可含量56%）　50g
吉利丁粉　4g
冷水　20g
鮮奶油　150g

● 頂飾
巧克力糖 5～6種　適量
馬卡龍（巧克力）　2～3個

事先準備

◎將油酥餅乾麵糰烤成2片個人喜好的數字形狀[‥➔P60]。不
過，在事先準備階段要將低筋麵粉與可可粉混勻過篩。

◎製作卡士達醬[‥➔P55]。不過要在**5**之後將烘焙用巧克力放
入耐熱碗裡，覆蓋保鮮膜，放入微波爐中加熱約30秒直到
巧克力完全融化，加入**5**的碗內充分混勻。

組裝

1. 器皿上放1片油酥餅乾，以加裝圓形花嘴的擠花袋將卡士達
醬擠出高約1.5cm的水滴狀，鋪滿餅乾表面，在冰箱冷藏室
冷卻10分鐘左右，直到卡士達醬凝固。

2. 從冰箱中取出，疊放另一片油酥餅乾。和1一樣擠滿卡士達
醬，鋪上頂飾，裝飾得色彩繽紛。

NOTE

・不論麵糰、奶油醬、頂飾都有巧克力，令巧克力愛好者難以抗拒
的蛋糕。

・烘焙用巧克力是使用富含天然可可脂的調溫巧克力（couverture
chocolate）。請選用帶苦味的巧克力，而不是牛奶巧克力。

Caramel Beurre Salé

焦糖

材料〔1份蛋糕體份量〕

● 油酥餅乾麵糰
奶油　120g
香草精　5滴（1g）
鹽巴　1小撮
糖粉　85g

焦糖醬
鮮奶油　100g
砂糖　100g
鹽巴　1小撮
奶油　10g
全蛋　½顆（25g）

杏仁粉　35g
低筋麵粉　200g

● 奶油乳酪醬
奶油乳酪　300g
奶油　90g
糖粉　90g
香草精　10滴（2g）

● 頂飾
無花果　1個
馬卡龍（焦糖口味）　1～2個

事先準備

◎製作油酥餅乾麵糰的焦糖醬。
　①鮮奶油放入耐熱碗裡，以微波爐加熱約30秒。
　②將砂糖與鹽巴放入鍋裡以中火加熱，搖晃鍋子直到全部的砂糖融化，變成淡咖啡色時關火ⓐ。
　③將①的鮮奶油分3次加入，每次都以打發器混勻。
　④加入奶油混勻，當奶油完全融化後移至耐熱容器，就這樣放涼。
◎將油酥餅乾麵糰烤成2片個人喜好的數字形狀[⋯▶P60]。不過，要在**3**之後加入40g焦糖醬，充分混勻。剩下的麵糰以星形模具壓出2～3片一起烤、12分鐘左右後先取出備用。
◎製作奶油乳酪醬[⋯▶P56]。不過，要將油酥餅乾麵糰中剩下的焦糖醬75g也一起混勻。
◎無花果切成16等分的半月狀。

組裝

1. 器皿上放1片油酥餅乾，以加裝圓形花嘴的擠花袋將奶油乳酪醬擠出高約1.5cm的水滴狀，鋪滿餅乾表面。在冰箱冷藏室冷卻10分鐘左右，直到奶油乳酪醬凝固。
2. 從冰箱中取出，疊放另一片油酥餅乾。和**1**一樣擠滿奶油乳酪醬，並以湯匙將剩下的焦糖醬滴在奶油乳酪醬間隙處，鋪上一起烤好的星形餅乾和頂飾，裝飾得色彩繽紛。

NOTE

• 有著微鹹味道的焦糖味，會令人上癮。
• 請注意油酥餅乾麵糰中所使用的焦糖醬，也會用於奶油乳酪醬和頂飾。

ⓐ

Café
咖啡

材料〔1份蛋糕體份量〕

● 海綿蛋糕麵糊
　全蛋　3顆（150g）
　砂糖　90g
　低筋麵粉　90g
　A｜奶油　20g
　　｜牛奶　20g
　　｜即溶咖啡　6g

● 馬斯卡彭醬
　鮮奶油　100g＋100g
　｜吉利丁粉　3g
　｜冷水　15g
　即溶咖啡　7g
　糖粉　35g
　香草精　10滴（2g）
　｜馬斯卡彭起司　200g

● 頂飾
　杏仁片（烤好的）　適量
　巧克力糖 2〜3種　適量

事先準備

◎製作海綿蛋糕麵糊、烤成2片個人喜好的數字形狀[⋯▸P58]。
　不過，要在A裡加入即溶咖啡。
◎製作馬斯卡彭醬[⋯▸P54]。不過，要在1將即溶咖啡與吉利丁
　一起加入混勻。

組裝

1. 器皿上放1片海綿蛋糕，以加裝星形花嘴的擠花袋將馬斯卡
　 彭醬擠出高約1.5cm的水滴狀，鋪滿蛋糕表面，在冰箱冷藏
　 室冷卻10分鐘左右，直到馬斯卡彭醬凝固。
2. 從冰箱中取出，疊放另一片海綿蛋糕。將馬斯卡彭醬畫小
　 圓圈般擠滿蛋糕表面，鋪上頂飾，裝飾得色彩繽紛。

NOTE

・蛋糕帶有成熟的咖啡苦味。這裡使用「雀巢金牌咖啡」的即溶咖
　啡。由於不同廠牌的苦味不一樣，請做調整。
・雖然這裡使用星形花嘴，但也可用圓形花嘴等以同樣方式擠花。

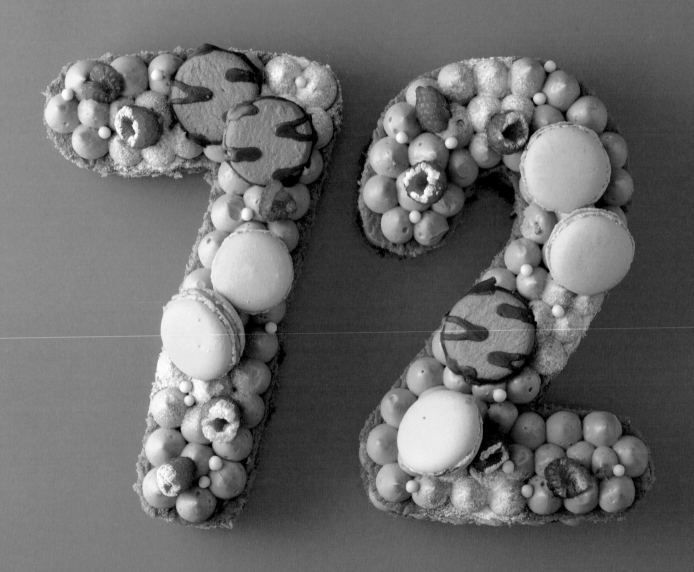

Matcha

抹茶

材料〔1份蛋糕體份量〕

● 海綿蛋糕麵糊

全蛋　3顆（150g）

砂糖　90g

低筋麵粉　85g

抹茶粉　5g

A｜奶油　20g

牛奶　20g

● 卡士達醬

蛋黃　3個（60g）

砂糖　65g＋10g

A｜低筋麵粉　15g

玉米粉　15g

抹茶粉　4g

牛奶　300g

香草精　10滴（2g）

吉利丁粉　4g

冷水　20g

鮮奶油　150g

● 頂飾

覆盆子　4〜5個

防潮糖粉　適量

馬卡龍（抹茶）　2〜3個

抹茶糖果　3〜5個

巧克力糖　適量

事先準備

◎製作海綿蛋糕麵糊、烤成2片個人喜好的數字形狀[⋯P58]。
不過，在事先準備階段要將低筋麵粉與抹茶粉混勻過篩。

◎製作卡士達醬[⋯P55]。不過要將抹茶粉加入 A。

◎覆盆子一半份量縱向對半切開，剩下的上部沾防潮糖粉。

組裝

1. 器皿上放1片海綿蛋糕，以加裝圓形花嘴的擠花袋將卡士達醬擠出高約1.5cm的水滴狀，鋪滿蛋糕表面，在冰箱冷藏室冷卻10分鐘左右，直到卡士達醬凝固。

2. 從冰箱中取出，疊放另一片海綿蛋糕。和1一樣擠滿卡士達醬，以濾茶器將適量的防潮糖粉（份量外）撒在數個地方，鋪上頂飾，裝飾得色彩繽紛。

NOTE

• 鮮豔綠色妝點出美麗的數字蛋糕。以覆盆子穿插的酸味來淡化整體的甜膩感。

Meringue à la Chantilly

香緹蛋白霜風

材料〔1份蛋糕體份量〕

● 蛋白霜麵糰
　蛋白　2顆份量（60g）
　砂糖　50g
　A｜砂糖　65g
　　　｜玉米粉　7g

● 馬斯卡彭醬
　鮮奶油　100g＋100g
　紅茶包　3包
　｜吉利丁粉　3g
　｜冷水　15g
　糖粉　35g
　香草精　10滴（2g）
　馬斯卡彭起司　200g

● 頂飾
　草莓　4～5個
　覆盆子　7～8個
　洋甘菊（食用花）　5朵
　彩糖　適量

事先準備

◎ 將蛋白霜麵糰擠成個人喜好的數字形狀烘烤[⋯▸P62]。
◎ 製作馬斯卡彭醬[⋯▸P54]。不過，要在**1**將紅茶包浸泡在鮮奶油裡加熱。當煮到咕嘟咕嘟時關火，蓋上鍋蓋燜5分鐘左右 。取出紅茶包後加入吉利丁，以同樣方式製作。
◎ 草莓與覆盆子的一半份量縱向對半剖開。剩下的草莓切成1cm塊狀。

組裝

1. 器皿上放蛋白霜，以加裝圓形花嘴的擠花袋將馬斯卡彭醬擠出高約1.5cm的水滴狀，鋪滿蛋白霜表面，在冰箱冷藏室冷卻10分鐘左右直到馬斯卡彭醬凝固。
2. 從冰箱中取出，疊放另一片蛋白霜。和1一樣擠滿馬斯卡彭醬，鋪上頂飾，裝飾得色彩繽紛。

NOTE

- 這是在烤好的蛋白霜中夾香緹鮮奶油(crème Chantilly)的法式經典點心「香緹蛋白霜」，外形則設計成數字蛋糕。
- 紅茶是使用皇家伯爵茶，也可改用大吉嶺茶。
- 由於容易受潮，請盡早食用完畢。

Tiramisu
提拉米蘇風

材料〔1份蛋糕體份量〕

● 海綿蛋糕麵糊

　　全蛋　3顆（150g）

　　砂糖　90g

　　低筋麵粉　90g

　A│奶油　20g

　　│牛奶　20g

　　│即溶咖啡　5g

● 馬斯卡彭醬

　　鮮奶油　100g＋100g

　　│吉利丁粉　3g

　　│冷水　15g

　　糖粉　35g

　　香草精　10滴（2g）

　　馬斯卡彭起司　200g

● 頂飾

　　馬卡龍（咖啡）　2～3個

　　│手指餅乾　3根

　　│可可粉　適量

　　彩糖（星形）　適量

事先準備

◎製作海綿蛋糕麵糊、烤成2片個人喜好的數字形狀[⋯▶P58]。
不過，要將即溶咖啡加入 A。

◎製作馬斯卡彭醬[⋯▶P54]。

◎手指餅乾切成3～4等分，將可可粉以濾茶器過篩撒上。

組裝

1. 器皿上放1片海綿蛋糕，以加裝圓形花嘴的擠花袋將馬斯卡彭醬擠出高約1.5cm的水滴狀，鋪滿蛋糕表面，在冰箱冷藏室冷卻10分鐘左右，直到馬斯卡彭醬凝固。

2. 從冰箱中取出，疊放另一片海綿蛋糕。和1一樣擠滿馬斯卡彭醬，以濾茶器將可可粉（份量外）撒在數個地方，鋪上頂飾，裝飾得色彩繽紛。

NOTE

• 設計成義式點心提拉米蘇的口味。在咖啡風味的海綿蛋糕上鋪滿馬斯卡彭醬便完成！

• 即溶咖啡是使用苦味強的「雀巢金牌咖啡」。由於不同廠牌的苦味不一樣，請自行調整。

Saint Valentin

情人節

材料〔心形1份蛋糕體份量〕

● 油酥餅乾麵糰
  奶油　120g
  香草精　5滴（1g）
  鹽巴　1小撮
  糖粉　85g
  全蛋　½顆（25g）
  杏仁粉　35g
  │ 低筋麵粉　180g
  │ 可可粉（無糖）　20g

● 馬斯卡彭醬
  鮮奶油　100g＋100g
  │ 吉利丁粉　3g
  │ 冷水　15g
  糖粉　35g
  香草精　10滴（2g）
  馬斯卡彭起司　200g
  草莓果醬　50g

● 頂飾
  草莓　10個
  覆盆子　3～4個
  迷你玫瑰（食用花）　6朵
  銀色彩糖　適量

事先準備

◎ 將油酥餅乾麵糰烤成2片的心形[⋯P60]。不過，在事先準備
  階段要將低筋麵粉與可可粉混勻過篩。剩下的麵糰以心形
  模具壓出約6片餅乾一起烤、12分鐘左右後先取出備用。

◎ 製作馬斯卡彭醬[⋯P54]。不過，要在 **3** 將馬斯卡彭起司、
  連同草莓果醬一起加入，攪拌至滑順狀。

◎ 草莓縱向切成薄片。覆盆子縱向對半切開。

組裝

1. 器皿上放1片油酥餅乾，以加裝圓形花嘴的擠花袋將馬斯卡
   彭醬擠出高約1.5cm的水滴狀，鋪滿餅乾表面。在冰箱冷藏
   室冷卻10分鐘左右，直到馬斯卡彭醬凝固。

2. 從冰箱中取出，疊放另一片油酥餅乾。和 **1** 一樣擠滿馬斯卡
   彭醬，鋪上一起烤好的心形餅乾和頂飾，裝飾得色彩繽紛。

NOTE

· 使用紙型中的心形製作。非數字款的「簡單蛋糕」。

· 頂飾的草莓具酸味，所以和巧克力味道很搭。覆盆子等也很美味。

Noël

聖誕節

材料〔星形1份蛋糕體份量〕

● 油酥餅乾麵糰
奶油　120g
香草精　5滴（1g）
鹽巴　1小撮
糖粉　85g
全蛋　½顆（25g）
杏仁粉　35g
　低筋麵粉　200g
　薑末　1小匙
　肉桂粉　1小匙

● 卡士達醬
蛋黃　3個（60g）
砂糖　65g＋10g
A　低筋麵粉　15g
　玉米粉　15g
牛奶　300g
香草精　10滴（2g）
楓糖漿　60g
　吉利丁粉　4g
　冷水　20g
鮮奶油　150g

● 頂飾
草莓　3個
糖漬栗子　適量
彩糖　適量

事先準備

◎將油酥餅乾麵糰烤成2片的星形[⋯▶P60]。不過，在事先準備階段要將低筋麵粉過篩後，加入薑末與肉桂粉混勻。剩下的麵糰以星形、馴鹿、葉形等具聖誕節氣氛的模具  壓出約5片  一起烤、12分鐘左右後先取出備用。

◎製作卡士達醬[⋯▶P55]。不過，要在**5**之後加入楓糖漿充分混勻。

◎草莓縱向對半切開。糖漬栗子切粗顆粒。

組裝

1. 器皿上放1片油酥餅乾，以加裝圓形花嘴的擠花袋將卡士達醬擠出高約1.5cm的水滴狀，鋪滿餅乾表面。在冰箱冷藏室冷卻10分鐘左右，直到卡士達醬凝固。

2. 從冰箱中取出，疊放另一片油酥餅乾。和**1**一樣擠滿卡士達醬。將適量的防潮糖粉(份量外)以濾茶器過篩撒在數個地方、鋪上一起烤好的餅乾和頂飾，裝飾得色彩繽紛。

NOTE

• 用紙型中的星形製作的「簡單糕點」。若搭配聖誕飾品會更有氣氛，飾品可在39元商店等購買。

ⓐ　　　　ⓑ

Halloween

萬聖節

材料〔1份蛋糕體份量〕

● 油酥餅乾麵糰

奶油　120g

香草精　5滴（1g）

鹽巴　1小撮

糖粉　85g

全蛋　½顆（25g）

杏仁粉　35g

低筋麵粉　180g

可可粉（無糖）　20g

● 奶油乳酪醬

奶油乳酪　150g

奶油　45g

糖粉　45g

香草精　5滴（1g）

● 南瓜奶油醬

南瓜　淨重100g

砂糖　15g

鹽巴　1小撮

奶油　10g

蘭姆酒　2g

鮮奶油　10g

● 頂飾

棉花糖　適量

巧克力脆餅　適量

南瓜籽（市售商品）　適量

彩糖　適量

事先準備

◎ 將油酥餅乾麵糰烤成2片個人喜好的數字形狀[⋯▸P60]。不過，在事先準備階段要將低筋麵粉與可可粉混勻過篩。剩下的麵糰以南瓜形狀等具萬聖節氣氛的模具壓出3～4片一起烤、12分鐘左右後先取出備用。

◎ 製作奶油乳酪醬[⋯▸P56]。

◎ 製作南瓜奶油醬。奶油先在常溫下軟化。

1️⃣ 南瓜去籽削皮（在此狀態下秤重達100g），切成2～3cm塊狀。擺放在耐熱盤、覆蓋保鮮膜，在微波爐中加熱5分鐘左右。以竹籤很快可以刺穿的軟度即可。

2️⃣ 將1️⃣過篩ⓐ，加入砂糖、鹽巴、奶油、蘭姆酒，以刮刀混勻。

3️⃣ 加入鮮奶油混勻，攪拌至容易擠花的軟度即可。

組裝

1. 器皿上放1片油酥餅乾，分別以加裝圓形花嘴的擠花袋、加裝星形花嘴的擠花袋將奶油乳酪醬、南瓜奶油醬，均衡擠出高約1.5cm的水滴狀，鋪滿餅乾表面。在冰箱冷藏室冷卻10分鐘左右，直到奶油醬凝固。

2. 從冰箱中取出，疊放另一片油酥餅乾。和1一樣擠滿2種奶油醬，鋪上一起烤好的餅乾和頂飾，裝飾得色彩繽紛。

NOTE

• 萬聖節是10月31日，所以選「31」做蛋糕，當然也可用個人喜歡的數字。

• 由於還有南瓜奶油醬，所以奶油乳酪醬是一般份量的一半。

• 若無星形花嘴，也可用圓形花嘴擠南瓜奶油醬。

Mariage

婚禮

材料〔心形1份蛋糕體份量〕

● 海綿蛋糕麵糰

全蛋　3顆（150g）

砂糖　90g

低筋麵粉　90g

A　奶油　20g

　　牛奶　20g

● 卡士達醬

蛋黃　3個（60g）

砂糖　65g＋10g

A　低筋麵粉　15g

　　玉米粉　15g

牛奶　300g

香草精　10滴（2g）

吉利丁粉　4g

冷水　20g

鮮奶油　150g

● 頂飾

白桃（罐頭）　100g

杏仁糖（dragée）　5個

馬卡龍（白色）　2個

巧克力糖 2～3種　適量

棉花糖（粉紅色）　適量

迷你玫瑰（食用花）　適量

彩糖　適量

事先準備

◎製作海綿蛋糕麵糰、烤成2片心形[⋯▸P58]。

◎製作卡士達醬[⋯▸P55]。

◎白桃以廚房紙巾擦乾汁液，切成1cm塊狀。

組裝

1. 器皿上放1片海綿蛋糕，以加裝圓形花嘴的擠花袋將卡士達醬擠出高約1.5cm的水滴狀，鋪滿蛋糕表面。在冰箱冷藏室冷卻10分鐘左右，直到卡士達醬凝固。

2. 從冰箱中取出，疊放另一片海綿蛋糕。和1一樣擠滿卡士達醬，鋪上頂飾，裝飾得色彩繽紛。

NOTE

• 以心形與白色妝點出「結婚」氛圍的數字蛋糕。請務必用在婚禮、結婚紀念日。

• 杏仁糖是將杏仁裹糖衣製成的法式甜點，很適合用在婚禮上。

Arc-en-Ciel

彩虹

材料〔1份蛋糕體份量〕

● 蛋白霜麵糊
蛋白　2顆份量（60g）
砂糖　50g
A 砂糖　65g
玉米粉　7g

● 奶油乳酪醬
奶油乳酪　300g
奶油　90g
糖粉　90g
香草精　10滴（2g）
橘子果醬　60g
橘子皮絲　½個份量

● 頂飾
覆盆子　2個
草莓　3個
橘子　¼個
鳳梨　適量
奇異果　¼個
藍莓　10個
椰果糖　適量
棉花糖（綠色）　適量
三色堇（食用花）　適量
洋甘菊（食用花）　適量
繁星花（食用花）　適量

事先準備

◎ 將蛋白霜麵糊擠成個人喜好的數字形狀烘烤[⋯▸P62]。

◎ 製作奶油乳酪醬[⋯▸P56]。不過，要與橘子果醬和橘子皮絲
　一起混勻。

◎ 覆盆子縱向對半剖開。草莓1個切成0.5cm塊狀，剩下的
　對半切開。橘子取出果肉切成2～3cm塊狀。鳳梨切成厚
　0.3cm的銀杏葉狀。奇異果切成厚0.3cm的半月狀。

組裝

1. 器皿上放蛋白霜，以加裝圓形花嘴的擠花袋將奶油乳酪醬
   擠出高約1.5cm的水滴狀，鋪滿蛋白霜表面，在冰箱冷藏室
   冷卻10分鐘左右直到奶油乳酪醬凝固。

2. 從冰箱中取出，疊放另一片蛋白霜。和1一樣擠滿奶油乳酪
   醬，將頂飾依白、紅到紫的漸層色彩鋪放。

NOTE

• 描繪出七彩漸層的數字蛋糕。配合色彩也可搭配不同的水果或市售
　的糖果或食用花。

• 橘子皮若使用非有機的橘子，請充分洗淨。

Ustensiles et Ingrédients
基本的道具與材料

碗
為能混勻麵糰，直徑20cm以上的大碗較適用。最好有3～4個各種尺寸的碗。

烘焙紙
鋪在烤箱烤盤上。白色的比茶色的好。請選用可覆蓋烤盤的尺寸。推薦寬30cm的。

打發器
攪拌麵糰時使用。建議使用不銹鋼製的比塑膠的好。

橡膠刮刀
建議用耐熱性的橡膠製刮刀。若是一體成型的產品較容易清洗。

水果刀等小刀
用於分切麵糰。也常用於水果的事先準備等。

手握式電動攪拌器
用於麵糰與奶油的混合或打發時。一般市售產品即可。

牛奶
一般市售的牛奶也無妨。不過，請避免用低脂牛奶。

鮮奶油
使用動物性鮮奶油。乳脂成分占36%就夠了。

香草精
香草醬
用於提升風味。本書的食譜是使用香草精，使用香草醬時，換算方式為香草精5滴等於香草醬1g。

吉利丁粉
用於強化奶油的強度，即使疊放上麵糰也不會崩塌。添加後完全不影響糕點的口感或味道。使用吉利丁片也OK。本書的食譜是使用吉利丁粉；泡發的水分比率為1：4。請參考所使用商品的說明。

奶油
使用無鹽奶油。非發酵奶油。

低筋麵粉
海綿蛋糕是使用日清的「超級紫羅蘭（Super Violet）」。油酥餅乾麵糰等即使使用日清的「紫羅蘭（Violet）」也可以。

蛋
使用M尺寸的蛋。標準是蛋黃20g+蛋白30g、合計50g的大小。請在常溫下回溫後使用。

杏仁粉
用於油酥餅乾麵糰。請用去皮的杏仁粉。蛋白霜麵糰會用到玉米粉。

砂糖
盡量使用烘焙用的微顆粒型砂糖。

糖粉
使用一般的糖粉和用於頂飾的「防潮糖粉」。後者不容易融化、能凸顯出白色色調。

Décoration
可愛頂飾的訣竅

各食譜的頂飾不過是例子。
請試著以容易購買到的東西來構思。
為了設計出可愛的裝飾，
要擅於利用以下的素材。

馬卡龍

給人的印象強烈。由於有各種顏色，所以容易做裝飾。妝點大型糕點時，建議用奇數的個數，配置上比較容易取得平衡。

水果

覆盆子、藍莓是小又好用的裝飾水果。草莓等就切成合適的大小吧。此外，壓碎的堅果類（開心果、核桃等）也很方便。

其他市售的餅乾糖果

試著散放手指餅乾、巧克力豆、威化餅、棉花糖等可愛的餅乾糖果。請選擇味道與色澤相襯的市售商品。

香草

綠薄荷、迷迭香等都很適合當頂飾。

彩糖

經常用來當糕點頂飾的彩糖。除了經典的銀色球狀彩糖外，也有星形的彩糖。

食用花

最近超市等也有販售食用花。有的話就能裝飾得很可愛，但沒有也沒關係。

以剩餘的麵糰製作餅乾糖果

油酥餅乾麵糰與蛋白霜麵糰，剩餘的麵糰可以模具壓出形狀或擠成棒狀、水滴狀一起烤。用剩的麵糰丟掉很浪費，請務必製作看看。

基本奶油醬 **1**

Chantilly au Mascarpone

馬斯卡彭醬

微甜、味道醇和的口感。
以濃郁的馬斯卡彭起司為基底，添加吉利丁強化硬度。
容易疊放上蛋糕、作為裝飾的奶油醬。

材料〔容易製作的份量〕

鮮奶油　100g+100g

吉利丁粉　3g

冷水　15g

糖粉　35g

香草精　10滴（2g）

馬斯卡彭起司ⓐ　200g

事先準備

◎吉利丁粉與冷水混勻、泡發ⓑ。

作法

1. 將100g鮮奶油放入鍋裡，以中火加熱至開始咕嘟咕嘟時 ⓒ，移離爐火。加入泡發的吉利丁ⓓ，以橡膠刮刀攪拌混勻至完全融化。

2. 移至碗裡，加入剩下的鮮奶油100g、糖粉、香草精，以打發器很快混勻至滑順狀ⓔ，在冰箱冷藏室冷卻20分鐘左右。

3. 馬斯卡彭起司放入另一個碗裡，將**2**分3次加入ⓕ，每次都攪拌至滑順狀ⓖ。

4. 碗的底部貼放冰水裡ⓗ，邊以手握式電動攪拌器的高速攪打3分鐘左右ⓘ。打到提起攪拌器、奶油醬能立出柔順的尖角就OKⓙ。覆蓋保鮮膜，在冰箱冷藏室冷卻15分鐘以上。

NOTE

· 最後冷卻至恰到好處的硬度，就容易擠花。材料的鮮奶油和馬斯卡彭起司，請務必在冷涼的狀態下混勻。如此會不容易分離。

· 馬斯卡彭起司進口的產品較硬，國產的較軟。若是使用國產的起司，在**4**的混勻時間稍長。

· 儘管數字不同，但這些份量足以鋪好1份數字蛋糕。2份的話，請用1.5～2倍份量。

· 請於當天食用完畢。

POINT
60～80℃。此時若加入即溶咖啡或可可粉一起攪拌融勻，就變成加味奶油醬。

ⓐ

ⓑ

POINT
未充分融化時，就再次加熱混勻。

ⓒ　ⓓ

POINT
果醬等固態物，在此時一起加入混勻。

ⓔ　ⓕ

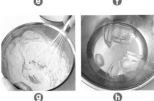
ⓖ　ⓗ

ⓘ

ⓙ

基本奶油醬 ❷

Crème Pâtissière

卡士達醬

由於有放鮮奶油，所以味道不會太重、太甜膩。
特長是與任何糕點都很搭，
即使加入各種調味，完成的味道也很均衡。
這裡也加入吉利丁，強化其強度。

材料〔容易製作的份量〕

蛋黃　3個（60g）　　　　牛奶　300g

砂糖　65g+10g　　　　　香草精　10滴（2g）

A｜低筋麵粉　15g　　　｜吉利丁粉　4g
　｜玉米粉　15g　　　　｜冷水　20g

　　　　　　　　　　　鮮奶油　150g

事先準備

◎吉利丁粉與冷水混勻、泡發。

◎A混勻過篩ⓐ。

作法

1. 蛋黃與65g砂糖放入碗裡，以打發器攪拌混勻至砂糖溶解到有些泛白程度ⓑ。再加入A，攪拌混勻至無粉粒狀。

2. 將10g砂糖、牛奶、香草精放入鍋裡，以中火煮到80℃ⓒ，離火。

3. 將2分3次加入1裡ⓓ，每次都攪拌混勻。當變得滑順，倒回鍋裡ⓔ。

4. 再以中火加熱邊攪拌，當煮得咕嘟咕嘟時再攪拌約30秒。到表面出現光澤感時ⓕ，移離爐火，以橡膠刮刀移至平盤並抹平表面，覆蓋保鮮膜後ⓖ，在冰箱冷藏室冷卻20分鐘以上。

5. 將4倒入碗裡，以打發器混勻至滑順狀ⓗ。

6. 將泡發的吉利丁以微波爐加熱40秒左右，約60℃融化。加入碗裡ⓘ，攪拌至均勻滑順。

7. 鮮奶油放入另一個碗裡，碗的底部貼放在冰水裡，邊以手握式電動攪拌器的高速攪打2分30秒～3分鐘。打到提起攪拌器時奶油醬能立出柔順的尖角就OKⓙ。

8. 將7分3次加入6的碗裡ⓚ，每次都以打發器攪拌混勻至滑順狀ⓛ。覆蓋保鮮膜，在冰箱冷藏室冷卻15分鐘以上。

NOTE

• 儘管數字不同，但這些份量足以鋪好1份數字蛋糕。2份的話，份量請加倍。

• 請於當天食用完畢。

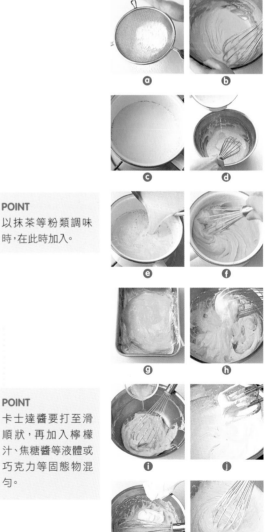

POINT
以抹茶等粉類調味時，在此時加入。

POINT
卡士達醬要打至滑順狀，再加入檸檬汁、焦糖醬等液體或巧克力等固態物混勻。

基本奶油醬 **3**

Cream Cheese

奶油乳酪醬

只要混合均勻，所以製作很簡單！
基底是具微酸味和濃郁的奶油乳酪。
這是具安定感、口感清新的奶油醬。

材料〔容易製作的份量〕

奶油乳酪 ⓐ　300g

奶油　90g

糖粉　90g

香草精　10滴（2g）

事先準備

◎奶油與奶油乳酪在常溫下軟化。

POINT
加焦糖醬等時，也全
部一起加入混勻。

作法

1. 所有材料放入碗裡（糖粉要過篩加入ⓑ），以手握式電動攪拌器的高速攪
打2分40秒左右混勻。變滑順時就OKⓒ。

NOTE

・儘管數字不同，但這些份量足以鋪好1份數字蛋糕。2份的話，份量請加倍。

・冷藏可保存3天左右。

ⓐ　　　　ⓑ　　　　ⓒ

Papier Patron
紙型的用法

要將麵糰切割出數字形狀時，
請使用夾於此頁左邊的紙型。
先將紙型從書本剪裁下來。

1. 製作想要的數字紙型

將烘焙紙疊放在想使用的數字上，以筆等
描繪出數字形狀。建議用容易描繪的白色
烘焙紙，然後用剪刀或美工刀剪裁下來。

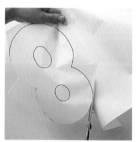

2.切割麵糰

若是海綿蛋糕麵糰，是將數字紙型放在烤
好的麵糰上、油酥餅乾麵糰則是將數字紙
型放在烤前的麵糰上切割。用水果刀等小
刀比較容易切割出形狀。
若是蛋白霜麵糰，則是先在烘焙紙上畫好
兩個數字，再疊放另一張烘焙紙（以免麵糰沾
染到筆的墨水），像在描繪數字般將麵糰擠滿
畫好的數字平面。

海綿蛋糕麵糰

油酥餅乾麵糰

蛋白霜麵糰

修整海綿蛋糕的
細部時，可用料
理用剪刀，就能
修得很漂亮。

切割海綿蛋糕時，請避免浪費。
「4」、「8」等面積占比較大的數字要特別注意。如上圖所示。

基本的麵糰 **1**

génoise

海綿蛋糕麵糰

具蓬鬆厚度的麵糰。若與奶油混合，
就能做出水果奶油蛋糕之類的英式下午茶點。
由於有點難切出造型，請小心作業。
完全冷卻之後，以水果刀等小刀切割即可。
細微地方，可以料理用剪刀修整。

材料〔1份蛋糕體份量（30x30cm的烤盤1片份量）〕

全蛋　3顆（150g）

砂糖　90g

低筋麵粉　90g

A｜奶油　20g
　｜牛奶　20g

事先準備

◎蛋在常溫下回溫。

◎低筋麵粉過篩 **ⓐ**。

◎將A放入碗裡隔水加熱融化，保持在80℃左右的狀態備用 **ⓑ**。

◎烘焙紙鋪在烤盤上。

　① 烘焙紙長度剪裁得比烤盤多10cm左右 **ⓒ**。

　② 烘焙紙上下邊太長時，往內側摺入，摺成剛好大小 **ⓓ**。

　③ 配合烤盤的邊緣摺疊邊角 **ⓔ**。

　④ 製作另一張烘焙紙，以十字型鋪入烤盤 **ⓕ**。

◎製作要使用的數字紙型。烘焙紙貼放在本書P56與P57之間的紙型數
　字上，用筆等描繪 **ⓖ**，以剪刀等剪裁 **ⓗⓘ**。

◎烤箱在恰當時機預熱至200℃。

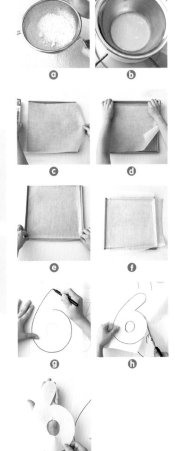

POINT
調製不同口味的麵
糰時，可將可可粉、
抹茶粉等一起混勻
過篩。

POINT
即溶咖啡、茶包等要
在此時一起加入來
調製不同口味。

作法

1. 在另一個碗裡將蛋打散，加入砂糖，使用打發器可以很快的混勻。隔水加熱至接近人體肌膚溫度（約35℃），將砂糖融化**j**。

2. 碗移離隔水加熱處，以手握式電動攪拌器的高速畫圓圈般打發5分鐘左右**k**。打到提起攪拌器，瞬間附在攪拌棒上、垂滴的麵糊不會太快消散的程度就OK**l**。

3. 再以攪拌器的低速打發2分鐘左右，調整麵糊的細膩度。

4. 將低筋麵粉分2次加入，每次都以橡膠刮刀從碗底往上翻動，攪拌20次左右混勻**m**　**n**。直到麵糊出現光澤就OK**o**。

5. A的碗裡加入與A同份量的4**p**，混勻至黏糊狀。

6. 將5倒回4的碗裡**q**，從碗底往上翻動，攪拌30次左右混勻**r**，直到麵糊變滑順就OK**s**。

7. 倒入烤盤**t**，以麵糊刮刀攤平**u**。

8. 待預熱好的烤箱降溫至180℃，放入烤盤，烤12分鐘左右。按壓表面若有彈力就OK**v**。連同烘焙紙移離烤盤，鋪放在網上至完全冷卻。

9. 撥開蛋糕側面的烘焙紙**w**，連同下面鋪著的烘焙紙將蛋糕翻面**x**，剝除底部的烘焙紙。再翻回正面，將數字紙型鋪在蛋糕上，以水果刀等小刀切割出數字形狀**y**。

NOTE

- 剝除烘焙紙時，有時也會剝到蛋糕表面，但不管怎樣，上面會覆蓋奶油，所以不用太在意。
- 材料的份量是1份蛋糕體份量。要製作2份時，若烤箱1次只能烤1份，就不要1次製作2份量的麵糊，而是分開2次製作，並分別烘烤。若將尚未烤到的麵糊擱著，氣泡會崩塌，就無法烤得蓬鬆。
- 海綿蛋糕依烤好的狀態，常溫下可保存2天左右，冷凍則可放1個月左右。請覆蓋保鮮膜後裝入保存袋裡保存。

Trible

活用剩餘的麵糊

乳脂鬆糕

這是一款傳統英式甜點，也直譯為查佛蛋糕。作法很簡單，只要將切小塊的海綿蛋糕、卡士達醬、縱向剖半的草莓、棒狀的烤蛋白霜等放入器皿裡即食。卡士達醬也可換成其他奶油醬。

POINT
將刮刀傾斜45℃，從麵糊隆起處抹平。同樣地方不要抹2次以上。

POINT
蛋糕冷卻後覆蓋袋子或紙張，以免蛋糕變乾。

POINT
細部地方以料理用剪刀修整，即可漂亮的完成**z**。

pâte sablée

油酥餅乾麵糰

酥脆的餅乾麵糰，與柔順的奶油口感
呈鮮明對比，更具有層次感。
為免產生破裂，處理上要注意。
此外，鋪上奶油後若放著沒有馬上食用，
會有吸收水分而變軟的情形。

材料〔1份蛋糕體份量〕

奶油　120g

香草精　5滴（1g）

鹽巴　1小撮

糖粉　85g

全蛋　½顆（25g）

杏仁粉　35g

低筋麵粉　200g

事先準備

◎奶油、蛋在常溫下軟化、回溫。

◎糖粉、杏仁粉、低筋麵粉分別過篩 ⓑ。

◎烤箱的烤盤鋪上烘焙紙 ⓒ。

◎製作要使用的數字紙型。烘焙紙貼放在本書P56與P57之間的紙型數
　字上，用筆等描繪 ⓓ，以剪刀等剪裁 ⓔⓕ。

◎烤箱在恰當時機預熱至190℃。

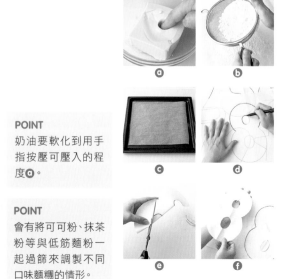

POINT
奶油要軟化到用手
指按壓可壓入的程
度 ⓐ。

POINT
會有將可可粉、抹茶
粉等與低筋麵粉一
起過篩來調製不同
口味麵糰的情形。

1. 奶油、香草精、鹽巴放入碗裡，以橡膠刮刀按壓似的攪拌混勻 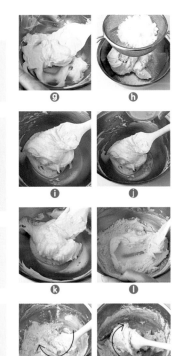。攪拌至滑順時加入糖粉 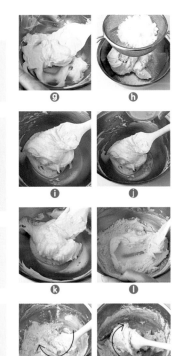，同樣混勻。攪拌至無粉粒狀就OK 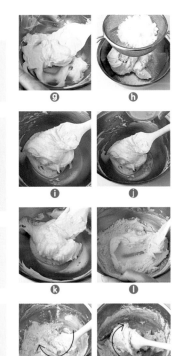。

2. 全蛋分3次加入 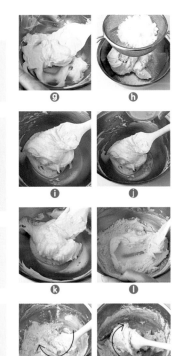，每次都畫圓圈般地攪拌至出現光澤 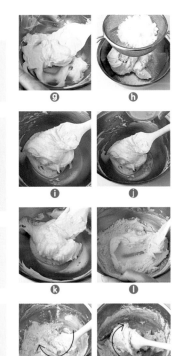。

3. 加入杏仁粉，按壓似的攪拌混勻 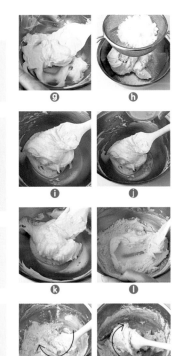。**攪拌至無粉粒狀就OK**。

4. 低筋麵粉分3次加入，每次都從碗底往上翻動，攪拌20次左右混勻 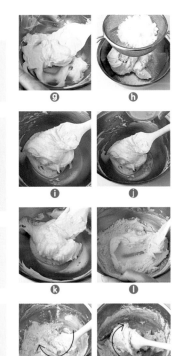 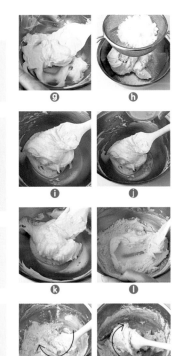，攪拌至無粉粒狀後翻拌成一團 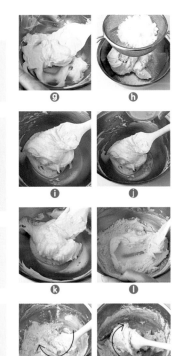，並分成2等分（各225g）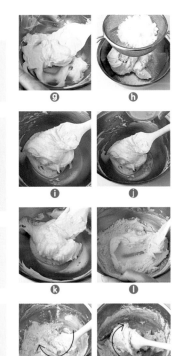。

5. 將麵糰分別以2張保鮮膜夾著 ，以擀麵棍擀出能容納數字大小的麵皮（厚約0.3cm） 。就這樣2片麵皮一起放在平盤上，在冰箱冷藏室冷卻2小時左右 。

6. 剝除麵皮的保鮮膜後鋪在烤盤上，貼放上數字紙型，以水果刀等切割出數字  。

7. 待預熱好的烤箱溫度降溫至170℃，放入烤盤，烤15～20分鐘。烤至表面呈焦黃色就OK。連同烤盤鋪放在網上冷卻，當用手摸起來不燙時，將烤好的油酥餅乾放在網上放涼 。

NOTE

· 材料的份量是1份蛋糕體份量。要製作2份時，若烤箱1次只能烤1份，請將1次製作好的2份麵糰，分2次烤。尚未烤到的麵糰，請放在冰箱冷藏室保存。

· 油酥餅乾麵糰未烤之前可冷凍保存。覆蓋保鮮膜可保存1個月左右。不需解凍，直接就可以烘烤。烤的時間不變。

· 烤好的油酥餅乾在常溫下可保存3天左右。請覆蓋保鮮膜保存。

Sablés

活用剩餘的麵糰
造型餅乾

本書是依不同食譜利用其剩餘的麵糰製作小餅乾，不過其實任何食譜都適用。以個人喜歡的模具（也可用圓形花嘴）壓出造型，並與數字蛋糕一起烤、約12分鐘後先取出備用。

POINT
在這之後會有加入焦糖等的情形。

POINT
冷卻一個晚上也OK。冷卻後麵糰較容易切割，就能做出漂亮的油酥餅乾。

POINT
不容易切割時，可改用竹籤等 。

POINT
若在烤之前先置於冰箱冷藏室冷卻5分鐘，餅乾就不容易鬆散。

POINT
請注意，剛烤好時特別容易破裂。

基本的麵糰 **3**

Merinsue

蛋白霜麵糰

將打發的蛋白以低溫慢慢烤酥脆的麵糰。

與奶油一起在口中融化般的口感。

由於很快吸收濕氣，

所以請不要擱置在常溫下。

尤其要注意高溫多濕的季節。

材料〔1份蛋糕體份量〕

蛋白　2顆份量（60g）

砂糖　50g

A｜ 砂糖　65g

　　｜ 玉米粉　7g

事先準備

◎蛋白在冰箱放冷涼。

◎將**A**混勻。

◎烘焙紙配合烤盤大小裁切，貼放在本書P56與P57之間的紙型數字上，用筆等描繪出2個數字**ⓐ**，鋪在烤盤上。上面疊放另一張裁成同尺寸的烘焙紙**ⓑ**。

◎將直徑1cm的圓形花嘴加裝在擠花袋上**ⓒ**[⋯▸P5]。

◎烤箱在恰當時機預熱至100℃。

POINT
烤箱無法設定100℃
時，依機種設定在其
最低溫，並縮短烘烤
時間。

ⓐ　　　　ⓑ　　　　ⓒ

作法

1. 蛋白放入碗裡，以手握式電動攪拌器的高速打發1分鐘左右 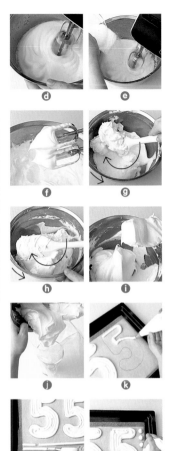。打到提起攪拌器時麵糰能立出柔順的尖角就OK。

2. 砂糖分3次加入 ⓔ，每次都打發10秒左右。再整體打發1分鐘左右，打到提起攪拌器，附著在攪拌棒上的麵糰能充分立出尖角就OK ⓕ。

3. 將A分2次加入，每次都以橡膠刮刀從碗底往上翻動，攪拌15次左右混勻 ⓖⓗ。直到出現光澤，即使舀起來麵糰也不會滴落時就OK ⓘ。

4. 將3放入擠花袋裡，沿著烘烤紙上畫好的數字擠滿麵糰 ⓚ。

5. 烤盤放入已預熱好的烤箱，烤2小時左右。連烤盤就這樣放涼到用手摸起來不燙時，將蛋白霜鋪在網上冷卻。

NOTE

- 材料的份量是1份蛋糕體份量。要製作2份時，若烤箱1次只能烤1份，就不要1次製作2份麵糰，而是分開2次製作，並分別烘烤。這種麵糰放著不管，氣泡會崩塌，就不會變蓬鬆。

- 由於容易吸濕氣，保存蛋白霜時，請與乾燥劑一起放在密閉容器裡。

POINT

以鋪滿數字般的感覺擠出麵糰。最初沿著邊緣，然後填滿中間就能擠得很漂亮。

POINT

剩餘的麵糰擠成棒狀或水滴狀，一起烘烤吧 ⓛⓜ。

Pavlova

活用剩餘的麵糰
帕芙洛娃蛋糕

紐西蘭的蛋白霜蛋糕。剩下的麵糰擠成渦旋狀，製成直徑約8cm的圓形蛋糕。蛋糕面上再擠一圈麵糰做出圓邊，與數字蛋糕一起烘烤。直到完全冷卻後，將剩餘的奶油醬（任何奶油醬都可）擠滿圓圈內，鋪上個人喜歡的水果。

#numbercake
數字蛋糕
量身打造獨一無二的造型蛋糕

作　　　者／加藤里名
翻　　　譯／夏淑怡
美術編輯／申朗創意
企畫選書人／賈俊國

總　編　輯／賈俊國
副總編輯／蘇士尹
編　　　輯／高懿萩
行銷企畫／張莉滎・蕭羽猜・黃欣

發　行　人／何飛鵬
法律顧問／元禾法律事務所王子文律師
出　　　版／布克文化出版事業部
　　　　　　臺北市中山區民生東路二段 141 號 8 樓
　　　　　　電話：(02)2500-7008　傳真：(02)2502-7676
　　　　　　Email：sbooker.service@cite.com.tw
發　　　行／英屬蓋曼群島商家庭傳媒股份有限公司城邦分公司
　　　　　　臺北市中山區民生東路二段 141 號 2 樓
　　　　　　書虫客服服務專線：(02)2500-7718；2500-7719
　　　　　　24 小時傳真專線：(02)2500-1990；2500-1991
　　　　　　劃撥帳號：19863813；戶名：書虫股份有限公司
　　　　　　讀者服務信箱：service@readingclub.com.tw
香港發行所／城邦（香港）出版集團有限公司
　　　　　　香港灣仔駱克道 193 號東超商業中心 1 樓
　　　　　　電話：+852-2508-6231　　傳真：+852-2578-9337
　　　　　　Email：hkcite@biznetvigator.com
馬新發行所／城邦（馬新）出版集團 Cité (M) Sdn. Bhd.
　　　　　　41, Jalan Radin Anum, Bandar Baru Sri Petaling,
　　　　　　57000 Kuala Lumpur, Malaysia
　　　　　　電話：+603- 9057-8822　　傳真：+603- 9057-6622
　　　　　　Email：cite@cite.com.my
印　　　刷／卡樂彩色製版印刷有限公司
初　　　版／2022 年 7 月
定　　　價／420 元
I S B N ／ 978-626-7126-39-4
E I S B N ／ 978-626-7126-37-0（EPUB）

NUMBER CAKE by Rina Kato
©Rina Kato 2019
All Rights Reserved.
First published in Japan in 2019 by Shufu To Seikatsu Sha Co., Ltd.
Complex Chinese Character translation rights reserved by Sbooker Publications, a division of Cite Publishing Ltd.
under the license from Shufu To Seikatsu Sha Co., Ltd. through Haii AS International Co., Ltd.

城邦讀書花園　布克文化
www.cite.com.tw　WWW.SBOOKER.COM.TW